ÉTUDES SUR LE LAIT

PAR

J. AUROUSSEAU & S.-J. PONSCARME

PARIS (VI')

LIBRAIRIE DES SCIENCES AGRICOLES

Charles AMAT, Éditeur

1912

ÉTUDES SUR LE LAIT

PAR

J. AUROUSSEAU & S.-J. PONSCARME

———— ✳ ————

PARIS (VIᵉ)

LIBRAIRIE DES SCIENCES AGRICOLES

Charles AMAT, Éditeur

—

1912

CHIMIE

Influence de l'alimentation sur la composition du lait.

Par J. AUROUSSEAU et L.-J. PONSCARME.

« Le lait est le produit normal et intégral de la traite complète de vaches saines et soumises à un régime hygiénique approprié. » Telle est la définition donnée par les divers Congrès (Congrès international de Laiterie, Congrès national d'Industrie laitière) (1).

Les laits qui répondent à cette définition n'ont pas besoin, il va sans dire, du contrôle chimique pour être livrés à la consommation ; malheureusèment il n'en est pas toujours ainsi, et, en dehors du mouillage et de l'écrémage, qui tombent sous le coup de la loi de la répression des fraudes, il est d'autres facteurs qui interviennent et provoquent des variations de composition assez élevées, témoin : l'alimentation.

L'influence de l'alimentation sur la composition du lait est admise dans un grand nombre de cas. Néanmoins les avis des auteurs compétents sont partagés.

De O. Jensen : « La composition du lait n'est que difficilement influencée par la nourriture. »

De Von Engelen et Wauters : « L'alimentation n'a guère d'influence sur la composition du lait. »

---

(1) M. Pams, ministre de l'Agriculture, a élaboré, fin décembre 1912, un projet de loi dont l'article 1er est ainsi conçu :

Article premier. — Il est interdit d'annoncer, d'exposer, de détenir ou de transporter en vue de la vente, de mettre en vente ou de vendre, d'importer ou d'exporter sous le nom de « lait » un produit autre que le produit intégral de la traite totale et ininterrompue d'une femelle laitière bien portante, normalement nourrie et ne contenant pas de colostrum.

De P. Dechambre : « Lorsque la nutrition est normale, l'augmentation des unités nutritives ne modifie pas sensiblement le taux des divers principes du lait. Ici la race et l'individualité sont les deux facteurs essentiels. »

De Lindet, Malpeaux, Dorez : « Il n'y a pas d'alimentation susceptible de modifier la composition du lait. »

Par contre, Porcher, dans le *Bon Lait,* pages 45 et suivantes, conclut que, si l'influence de l'alimentation sur la composition du lait n'est pas aussi grande qu'on semblait le croire autrefois, elle n'est cependant, ni nulle, ni négligeable.

Vincet rappelle que, des nombreuses analyses faites par ses soins, il résulte que l'influence de l'alimentation sur la richesse du lait en matière grasse est parfois considérable. Il a prouvé qu'il en était ainsi pour le lait des vaches nourries de l'herbe des prairies d'épandage des domaines de la Ville de Paris. Les expériences entreprises sur les vaches d'un établissement de Gennevilliers et sur celles de l'Asile d'Aliénés de Vaucluse ont établi que la quantité et la qualité du lait peuvent être augmentées et que la richesse butyrique peut être accrue de 1/5 à 1/4 et plus.

Enfin, dans un rapport de H. Martel, présenté au IVe Congrès international de laiterie, Budapest, 1909, on trouve des augmentations de 25 à 35 % de la matière grasse sous l'influence de l'alimentation.

Ce sont ces différentes manières de voir qui nous ont incité à entreprendre quelques expériences dans le cours de deux années consécutives.

En mai 1911, deux vaches de race normande que nous désignerons ici par les lettres A et B, A pesant 627 kilogrammes et B 640 kilogrammes, furent nourries pendant quinze jours à la prairie.

Elles recevaient avant la mise au vert la ration suivante :

Foin. . . . . 10 kilogrammes.
Son. . . . . 5 —
Betteraves. . . . . . 10 —
Tourteau de lin . . . . 1 kg. 50.
Paille à discrétion.

La composition du lait pour les 7, 8, 9, 10 et 11 mai, était la suivante.

	A		B	
	Matin	Soir	Matin	Soir
7 Mai				
Extrait	133,5	138,4	132,2	139,6
Beurre	42,9	48,7	41,6	49,2
Extrait dégraissé . . .	90,6	89,7	90,6	90,4
Lactose	48,2	48,4	47,4	48,1
Caséine	35,4	35,2	35,7	35,2
Cendres	6,3	6,4	6,8	7
8 Mai				
Extrait	132,8	136,6	128,8	134,2
Beurre	40,4	45,9	40	44,8
Extrait dégraissé . . .	90,4	90,7	88,8	89,4
Lactose	47,6	48,2	46,4	47,1
Caséine	35,9	35,4	35,2	35,8
Cendres	6,2	6,4	6,1	6,4
9 Mai				
Extrait	133,6	138,8	133,1	138,8
Beurre	42,4	48,1	41,8	48,6
Extrait dégraissé . . .	91,2	90,7	91,3	90,2
Lactose	47,8	48,4	47,8	48,1
Caséine	36,6	35,4	36,5	35
Cendres	6,4	6,8	6,7	6,9
10 Mai				
Extrait	130,4	137,1	134	138,9
Beurre	40	47	43,8	48,8
Extrait dégraissé . . .	90,3	90,1	90,2	90,1
Lactose	47,4	47,6	47,8	47,8
Caséine	35,9	35,8	35,7	35,4
Cendres	6,2	6,4	6,7	6,9
11 Mai				
Extrait	130,1	134,1	131,8	136,9
Beurre	39,8	42,9	41,4	46,7
Extrait dégraissé . . .	90,3	91,2	90,4	90,2
Lactose	47,4	48,1	47,8	48,1
Caséine	36	36,4	36,2	36
Cendres	6,4	6,7	6,4	6,7

Le 11, après la traite du soir, les deux vaches d'expérience furent mises en prairie et ne reçurent à l'étable que de l'herbe verte et de la paille à discrétion.

L'herbe analysée avait la composition suivante :

```
Eau  . . . . . . . . . . . . . .   80,8
Matière sèche  . . . . . . . . . .  19,2
Protéine . . . . . . . . . . . . .  3,75
Graisse  . . . . . . . . . . . . .  0,950
Hydrocarbonés . . . . . . . . . .   9,8
Cellulose brute . . . . . . . . . . .  4,1
```

La pluie tombée par jour et pendant la durée de l'expérience est donnée par le tableau ci-dessous :

```
7 mai  . . . . . . . . . . .   0 millimètre
8  — . . . . . . . . . . . .   0      —
9  — . . . . . . . . . . . .   0      —
10 — . . . . . . . . . . . .   0      —
11 — . . . . . . . . . . . .   0      —
12 — . . . . . . . . . . . .   2 millimètres
13 — . . . . . . . . . . . .   1/2 millimètre
14 — . . . . . . . . . . . .   5 millimètres
15 — . . . . . . . . . . . .   0      —
16 — . . . . . . . . . . . .   19 millimètres
17 — . . . . . . . . . . . .   5 millim. 5
18 — . . . . . . . . . . . .   0      —
```

Ces deux vaches se trouvaient ainsi placées, grâce un peu au hasard, dans les conditions les meilleures, pour amener un abaissement des éléments constitutifs du lait.

Pendant les journées des 7, 8, 9, 10 et 11 mai, la quantité moyenne de lait donnée fut de 14 litres pour A et 16 litres pour B. Elle atteignit respectivement 17 l. 8 et 19 l. 5 pendant les journées des 12, 13, 14, 15, 16 et 17 mai.

L'analyse complète des laits nous donna les chiffres contenus dans les tableaux suivants :

(1) L'analyse des laits a été faite, dans tous les cas, par la méthode officielle, à l'exclusion de toute centrifugation, le beurre par épuisement à l'éther de pétrole au Soxhlet et la caséine par pesée, et par l'Az total.

	A		B	
	Matin	Soir	Matin	Soir
12 Mai				
Extrait	124,1	133,8	131,6	135,4
Beurre	36	41,8	40,8	43,2
Extrait dégraissé . . .	88,1	92	90,8	90,2
Lactose	45,6	48	46,9	47,6
Caséine . . . : . .	35,8	36,8	37,1	36,0
Cendres	6,1	6,6	6,3	6,6
13 Mai				
Extrait	124,1	124,5	128,6	130,4
Beurre	36	36,8	39,2	41,8
Extrait dégraissé . . .	88,1	87,7	89,4	88,6
Lactose	45,6	46,7	46,1	46,8
Caséine	35,8	35	37	35,6
Cendres	6,1	6	6,2	6,1
14 Mai				
Extrait	116,1	120,1	120,4	126,2
Beurre	30	32,8	34,8	38
Extrait dégraissé . . .	86	87,3	85,6	88,2
Lactose	45,8	44,9	44,3	46,1
Caséine	33,8	34,8	35,8	35,5
Cendres	6	6 .	5,5	6
15 Mai				
Extrait	114,2	118,8	116,8	120,8
Beurre	30	31,9	32,1	34,2
Extrait dégraissé . . .	84,2	86,9	84,7	86,6
Lactose	43,9	45,6	44,1	45,6
Caséine	33,65	34,9	35	35,4
Cendres	5,8	6	5,6	5,8
16 Mai				
Extrait	115,4	119,1	116,9	121,2
Beurre	31	32,6	32	34,8
Extrait dégraissé . .	84,4	87,5	89,9	86,4
Lactose	43,8	45,8	44	45,5
Caséine	33,9	35,6	35,2	35
Cendres	5,9	6,1	5,7	5,7
17 Mai				
Extrait	119,8	121,5	118,8	122,6
Beurre	34,4	32,8	32,6	35,1
Extrait dégraissé . . .	85,4	88,7	86,2	87,5
Lactose	44,2	45,9	44,2	45,8
Caséine	34,4	36,2	35,6	35,6
Cendres	6,1	6,4	5,8	6,1

Seules les conditions exceptionnelles dans lesquelles se trouvaient ces animaux, en raison d'une alimentation exclusivement herbacée et de la quantité d'eau absorbée, peuvent expliquer une diminution aussi sensible du taux matière grasse, 10 à 12 grammes par litre dans certains cas.

Une diminution de l'extrait est consécutive avec faible abaissement du lactose et de la caséine ; ces deux éléments, le premier surtout, semblent jusqu'à un certain point être des constantes ; bien plus précieux en tous cas pour l'interprétation de l'analyse que le facteur beurre.

L'influence des drêches de brasserie, des pulpes de sucrerie, sur la composition du lait, était très connue ; celle des herbes de prairie, au printemps, l'était moins ; c'est pour cette raison que nous nous sommes attachés à cette étude.

Les résultats obtenus, en mai 1912, sur un troupeau de quatre vaches charolaises de la région du centre, ne font que confirmer cette façon de voir.

Il nous semble intéressant d'ajouter à la liste des aliments polylactiques, la rave du Limousin, abondamment cultivée dans p'usieurs départements du Centre, et qui constitue, en octobre, l'alimentation presque exclusive des animaux de ces régions.

A ce sujet, quatre vaches charolaises furent soumises à l'expérience. Dans le tableau ci-dessous, figure la composition des échantillons de lait prélevés les 9, 10, 11 octobre ; à ce moment les vaches ne consommaient que des fourrages secs, 5 litres de son et un peu d'herbe qu'ils pâturaient dans la prairie.

COMPOSITION DU LAIT DE LA JOURNÉE

	1	2	3	4
9 Octobre				
Extrait	128,6	134,2	129,7	136,8
Beurre	39,1	41	38,6	43,2
Extrait dégraissé . . .	89,5	93,2	91,1	93,6
Lactose	46,8	49,4	48,1	48,6
Caséine	36,2	36,8	35,8	37,2
Cendres	6,2	7	6,8	7,2
10 Octobre				
Beurre	38,6	40,4	39	42,8
11 Octobre				
Extrait	130,1	132,2	128,8	131,9
Beurre	40	40,8	37,9	40,8
Extrait dégraissé . . .	90,1	91,4	90,9	91,1
Lactose	45,9	48,6	47,8	48,2
Caséine	37,3	35,2	36,2	36,1
Cendres	6,4	7,1	6,7	6,5

L'alimentation à la rave du Limousin commença le 11 octobre, au repas du soir. Cette rave contenait 91,8 pour 100 d'eau en moyenne ; les animaux en consommèrent environ 80 kilogrammes par jour ; ils avaient, en outre, de la paille d'avoine à discrétion. L'expérience dura six jours.

Les quantités de lait données par les vaches, avant et pendant le régime, sont les suivantes :

	1	2	3	4
	kgr.	kgr.	kgr.	kgr.
8 Octobre	7,8	11,5	10	12
9 — . . .	8	10,5	10,8	11,8
10 — —	8,200	11	10,5	12,2
11 — —	8	11	10,5	12
12 — —	8,5	11,2	11	12,3
13 — —	8,8	12,00	12,00	13
14 — —	9,5	12,5	12,7	14,5
15 — —	10	13,3	13,8	14,5
16 — —	10,8	14	14	15
17 — —	10,7	14	13,5	14,8

Quant à la composition des laits donnés pendant l'expérience, elle figure dans le tableau ci-dessous.

	1	2	3	4
12 Octobre.				
Extrait	128,4	130,4	125,6	129,8
Beurre	39,2	39	36	36,7
Extrait dégraissé . . .	89,2	91,4	89,6	93,1
Lactose	45,6	48,5	47,2	48,2
Caséine	36,9	35,2	36,1	37,4
Cendres	6,3	7	6,7	6,8
13 Octobre.				
Extrait	127,6	128,1	123,1	124,7
Beurre	38	38,2	35,1	34,1
Extrait dégraissé . . .	89,6	89,9	88	90,6
Lactose	45,5	48,2	46,5	47,1
Caséine	36,8	34,8	34,6	36,8
Cendres	6,4	6,8	6,6	6,7
14 Octobre.				
Extrait	123,4	124,4	118,1	117,5
Beurre	36	36	32	32
Extrait dégraissé . . .	87,4	88,4	86,1	85,5
Lactose	45,1	47,7	45,4	45,8
Caséine	35,4	34,1	33,6	34,4
Cendres	6,3	6,6	6,4	6
15 Octobre.				
Extrait	122,2	121,2	116,4	116,4
Beurre	35	34,5	32,1	30,8
Extrait dégraissé . . .	87,2	86,7	84.3	85,6
Lactose	45	46,8	44,8	45,6
Caséine	35,2	33,6	32,6	33,2
Cendres	6,3	6,3	6,4	6
16 Octobre.				
Extrait	121,9	121,6	117,8	118,2
Beurre	34,9	34,8	32,9	32,3
Extrait dégraissé . . .	87	86,8	84,9	85,9
Lactose	45,2	46,7	45,6	45,6
Caséine	35,1	33,5	32,9	33,5
Cendres	6,4	6,3	6,4	6,1
17 Octobre.				
Extrait	124,8	123,4	118,6	119,1
Beurre	35,7	35,6	33,3	32,8
Extrait dégraissé . . .	89,1	87,8	85,2	86,3
Lactose	45,8	46,95	45,8	45,8
Caséine	36,2	33,8	33,1	33,9
Cendres	6,5	6,4	6,4	6,2

Conclusion : Ces expériences n'avaient pas été entreprises seulement dans le but de trouver d'autres aliments susceptibles de provoquer des variations de composition du même ordre que celles obtenues avec les drêches de brasserie ; mais bien dans le but d'ajouter quelque chose aux avis déjà nombreux abondant dans le même sens : à savoir que la polylactie peut être créée de toutes pièces, ainsi qu'en conclut, du reste, un rapport de MM. Ch. Girard l'Hote et Magnier de la Source, paru dans le *Moniteur scientifique* du D' Quesneville. Ces auteurs admettent que dans certains cas, et surtout avec la race Hollandaise, le rendement en lait peut être doublé ; il est ici, certes, inférieur, mais non négligeable, puisqu'il atteint sensiblement un quart. Mais fait plus grave : le chiffre extrait dégraissé se trouve sensiblement diminué puisqu'il n'est plus dans certains cas que de 84,4.

Que doit conclure l'expert ? c'est que le lait est mouillé dans la proportion de

$$\frac{100 \times 84,4}{90} = 93,7$$

$$100 - 93,7 = 6,3$$

7 à 8 pour 100, d'où condamnation du cultivateur, fermier ou nourrisseur. Il est vrai que les délinquants ont la faculté de pouvoir faire procéder à une analyse contradictoire. Mais si l'échantillon de comparaison est prélevé quinze jours après le premier (1), les éléments constitutifs sont revenus sensiblement à la normale et l'accusé est condamné. Mieux, il n'échappera pas aux rigueurs de la loi, même si le lait de comparaison présente une composition semblable à celle du lait incriminé et analogue aux échantillons du 15 mai au matin pour A et B, par exemple.

Le tribunal, en effet, peut très bien conclure à la fraude en stipulant que le cultivateur a voulu faire donner à ses vaches plus de lait qu'elles n'en doivent produire normalement.

C'est ce qui ressort d'un jugement rendu par le tribunal correctionnel de la Seine en l'audience du 22 avril 1909.

(1) Cet échantillon contradictoire est prélevé parfois 40, 50 et même 70 jours après l'échantillon incriminé, et il se trouve encore à l'heure actuelle des experts qui admettent la comparaison entre deux échantillons de ce genre.

TRIBUNAL CORRECTIONNEL DE LA SEINE (8ᵉ Chambre)

Présidence de M. LEMERCIER

Audience du 22 avril 1909

TROMPERIE SUR LES QUALITÉS SUBSTANTIELLES DE LA MARCHANDISE VENDUE. — LAIT. — POLYLACTIE. — CONDAMNATION.

Le fait, par un laitier-nourrisseur, de faire volontairement absorber à ses vaches une nourriture aqueuse ou de leur faire ingérer de l'eau en grande quantité dans le but d'augmenter leur sécrétion lactique, ayant pour effet de produire un lait dénué de la valeur nutritive et marchande du lait normal, constitue, sinon le délit de falsification de lait par mouillage, du moins celui de tromperie sur les qualités substantielles de la marchandise vendue.

Celui qui achète au nourrisseur du lait obtenu par ces procédés et le paie un prix normal, ne reçoit en réalité qu'un liquide ne remplissant pas, pour l'alimentation, les conditions nécessaires.

Ces solutions résultent de la décision ci-dessous rendue après plaidoirie de Mᵉ Pélissier et sur les conclusions de M. Dailheu, substitut du Procureur de la République.

« Attendu que X..., nourrisseur, est poursuivi pour avoir, à Clichy (Seine), le 25 septembre 1908, falsifié du lait destiné à être vendu, par addition d'une certaine quantité d'eau, et mis en vente ce lait, qu'il savait ainsi falsifié ;

« Attendu que, le 25 septembre 1908, Crosnier, commissaire de police, a opéré des prélèvements sur la voiture de l'inculpé au cours de sa tournée de livraison, que l'analyse indicative faite par le Laboratoire central a relevé que les laits prélevés étaient mouillés à 17 et 18 °/₀ environ ; que des laits de comparaison ayant été prélevés au moment de la traite, le 30 octobre 1908, c'est-à-dire un mois après, il a été procédé encore à une autre analyse par le Laboratoire d'État, qui a donné les résultats suivants : « Laits bons pour les premiers échantillons des trois « premiers prélèvements ; lait suspect d'écrémage pour le premier échan- « tillon du quatrième prélèvement » ;

« Attendu que les experts contradictoires ont conclu que les laits de comparaison étaient bons, que les autres prélevés le 25 septembre présentaient les caractères du lait mouillé, ayant une valeur nutritive faible et une qualité marchande insuffisante, ajoutant que, si on s'en rapportait aux explications de l'inculpé, qui attribue la faiblesse de son lait à la nourriture et à la race de certaines de ses vaches ; celles-ci ne sauraient être admises que si les conditions suivantes étaient réunies : A. vaches appartenant en majorité à la race Hollandaise; B. vaches nourries systématiquement d'aliments aqueux ; C. vaches ayant reçu peu avant la traite une quantité notable d'eau de boisson ; qu'il échet d'admettre telles qu'elles sont formulées les conclusions des experts qui sont l'expression de la réalité; qu'il reste donc à examiner si le fait volontaire de nourrir des vaches avec des aliments aqueux ou les forçant à absorber beaucoup d'eau ou encore de leur faire boire de l'eau peu de temps avant la traite, est un procédé licite et honnête de nourriture, et s'il constitue le délit de falsification par mouillage ;

« Attendu qu'il est utile de signaler que ce procédé, qu'on désigne sous le nom de polylactie, est connu de tous ceux qui s'occupent de l'élevage des vaches laitières, qu'il faut, dès l'abord, poser en principe que ce procédé de nourriture n'est employé que pour obtenir une grande quantité de liquide, au détriment des éléments utiles, pour arriver, par suite de la quantité seule, à un résultat plus rémunérateur; qu'il ne saurait être mis en doute, comme conséquence aux observations qui précèdent, que l'absorption par les femelles laitières d'aliments aqueux détermine une augmentation de sécrétion, qu'il en est de même de l'eau sous forme de boisson, qu'il ne s'agit pas là d'une notion nouvelle, puisque Virgile, dans les *Géorgiques*, s'exprimait ainsi :

> *Hinc et amant fluvios magis et magis ubera tendunt*
> *Ipse manu salsasque fera præsæpibus herbas.*

« Que lui-même apporte de sa main les herbes salées ; de cette façon, les femelles aiment davantage l'eau et gonflent davantage leurs mamelles. »

« Attendu qu'il est nécessaire de rapprocher de cette citation les constatations suivantes : Gautelet signale l'addition brusque d'une grande quantité d'eau dans l'alimentation et il établit le tableau comparatif suivant :

	Alimentation normale.	Après avoir bu un seau d'eau.
Matière grasse	3.75	3.74
Lactine	5.94	4.62
Matières azotées	2.95	2.31
Matières minérales	1.11	0.65
Extrait	13.53	10.32

« Cornevin indique qu'en donnant de l'eau chaude, on a pu augmenter de 1 litre 400 la production laitière, tout en diminuant le taux des matières extractives ; Waldann a constaté qu'une vache donnant 13 litres 500 de lait quand elle est nourrie de fourrages secs, en donne 20 litres quand elle est nourrie en fourrages verts, la richesse de son lait en matières grasses passe en même temps de 3.80 °/₀ à 3.20 °/₀; qu'on doit placer en regard la question de la race, qu'il est généralement admis que les vaches Hollandaises donnent un lait plus abondant mais moins riche que celui des vaches Normandes ; que cette notion, admise par tous les producteurs, et mise en lumière par le tableau suivant qui résume les essais poursuivis en 1891 à la suite d'un jugement du Tribunal de la Seine, commettant MM. Lhote, Girard et Maguier de la Source, qui ont opéré sur des vaches nourries de la même façon : drêchés, foins, tourteaux.

	Race Hollandaise.	Race Normande.
Matière grasse totale	3,65	4, »
Lactine	4,74	4,28
Matières azotées	3, »	3,82
Extrait à 100	11,99	12,90
Densité	1.0297	1.0308
Production en 24 heures. Litres	22 à 34	12 à 14

« Qu'il n'y a plus maintenant qu'à déduire les conséquences de tout ce qui précède.

« Attendu qu'il n'est pas contesté que le liquide incriminé a bien été vendu par l'inculpé comme lait destiné à l'alimentation ; que le contractant a cru l'acheter comme tel ; qu'on est obligé, dans ces conditions, de rappeler ici la définition du lait adoptée par le Congrès de Genève : « Le « lait est le produit intégral de la traite totale et ininterrompue d'une « femelle laitière bien portante, bien nourrie et non surmenée ; il doit « être recueilli proprement et ne pas contenir de colostrum », tout en regrettant que pour un produit naturel on soit obligé de le définir alors que le bon sens et l'honnêteté élémentaire indiquent que le lait alimentaire doit être ce que cette définition précise, que, conséquemment, le lait qui n'est pas obtenu comme il est ci-dessus indiqué et qui n'a pas les qualités substantielles qu'on doit retrouver dans un lait naturel est un lait anormal soit par suite de maladie de l'animal ou toute autre cause connue du producteur, soit par suite d'une alimentation spéciale et volontaire qui retranche une certaine partie des qualités substantielles ; qu'il y a lieu d'examiner en s'occupant seulement de la polylactie, si un tel lait est falsifié ; qu'il apparaît bien que l'introduction de l'eau a altéré le produit mais qu'on ne saurait cependant considérer cette manœuvre comme étant une falsification, puisque le produit n'était pas encore créé au moment où la manœuvre s'est produite, qu'on ne saurait contester néanmoins que cette manœuvre a été employée et, en fait, a eu pour but d'arriver à la production d'un liquide qu'on a affublé du nom de lait et qui, cependant, n'en a pas les qualités substantielles.

« Et appliquant à X... la théorie qui vient d'être exposée en principe.

« Attendu que le contractant a été induit en erreur ou a pu l'être, puisqu'il a cru acheter du lait normal, loyal et marchand, alors que les constatations des experts démontrent le contraire.

« Attendu en outre que *l'auteur de la tromperie a été conscient de l'acte accompli,* que ce fait est démontré surabondamment, les vaches de X... étaient soumises au régime aqueux; que l'inculpé l'a avoué en réalité, en disant qu'il avait changé la nourriture après les premiers prélèvements que, dans tous les cas la démonstration est faite puisque dans la suite il l'a modifiée et que la nourriture normale donnée a permis aux experts de démontrer la différence notable entre les laits de comparaison et les laits incriminés, 2.36 et 2.39 laits incriminés, 3.22 à 3,80 laits de comparaison; que X... s'est bien gardé d'avertir le contractant, car il n'aurait pas pu probablement écouler sa marchandise; qu'enfin cette tromperie a causé un préjudice, puisque le contractant devait payer le prix qu'il aurait donné pour un lait normal, et que le liquide qui lui a été vendu ou offert en vente n'a pas rempli pour l'alimentation les conditions qu'il devait remplir; que les faits reprochés à l'inculpé constituent donc le délit de tromperie sur les qualités substantielles et non celui de falsification par addition d'eau.

Par ces motifs,

Attendu qu'il résulte la preuve contre X... d'avoir en septembre 1908, dans le département de la Seine, trompé ou tenté de tromper le contractant sur les qualités substantielles, la composition et la teneur en principes utiles de la marchandise vendue ou mise en vente.

Condamne X... à 300 francs d'amende, quatre insertions.

OBSERVATIONS

C'est la première fois, semble-t-il, qu'un tribunal est appelé à connaître, au point de vue pénal, du procédé de nourriture des bêtes laitières appelé (polylactie), dont le but est de leur faire produire du lait en quantité supérieure à la normale. Pour prononcer une condamnation en vertu de la loi 1905, sur les fraudes, le Tribunal a retenu le fait, que le lait sécrété par les vaches ainsi nourries ne contient pas les éléments d'un lait normal, et que l'acheteur du produit est ainsi trompé sur ses qualités substantielles.

Les conclusions du jugement sont formelles. Il importe donc au cultivateur de ne pas tomber dans la polylactie.

Il est évident que le producteur, surtout dans nos régions, vend son lait à un prix si peu rémunérateur qu'il est tenté de tirer de ses animaux la plus grande quantité possible de produits ; il le fait, bien entendu, aux dépens de la qualité.

Les agriculteurs de nos régions de Seine-et-Oise admettent, et toutes les personnes au courant des questions agricoles peuvent en témoigner, que le litre de lait revient au cultivateur nourrissant ses vaches comme il l'entend, à 15 centimes environ. Et cependant, le petit producteur vend son lait aux grands entrepositaires 0 fr. 12 en été.

Aussi, qu'arrive-t-il, c'est que dans beaucoup de nos campagnes le nombre des têtes de bétail (vaches laitières) diminue considérablement.

Certaines fermes qui avaient 50 vaches laitières en possèdent actuellement une dizaine, malgré l'augmentation de 1 à 2 centimes consentie par les entrepositaires de lait, et il faut prévoir le jour où l'approvisionnement des grands centres deviendra difficile, à moins que les prix haussent dans des proportions considérables et atteignent au moins une moyenne de 17 à 20 centimes. Est-ce à dire que dans ces conditions le cultivateur ne sera plus tenté de faire de la polylactie ? Nous n'oserions le croire ; en effet, aussi longtemps qu'il vendra son lait au litre, aussi longtemps il cherchera à produire la plus grande quantité de lait possible ; et le malheur pour lui, c'est qu'il ne saura jamais où commencera sa culpabilité. Il doit donc chercher le remède dans le procédé de vente de son produit.

Qu'il vende son lait, comme cela se fait dans beaucoup de pays, à la richesse en beurre, et il ne sera plus tenté de faire de la polylactie. Il aura aussi un autre avantage : celui de ne pas vendre au même prix deux litres de lait respectivement à 30 et 60 de matière grasse.

Nous savons fort bien que ce n'est pas la manière de voir de certains auteurs qui préfèrent un lait propre à un lait riche ; mais l'un n'exclut pas l'autre, et la richesse ne peut empêcher la propreté de la traite.

Quoi qu'il en soit, il pourrait intervenir des arrangements entre producteurs et acheteurs, avec refus des laits ne faisant pas 30 grammes de beurre au litre et majoration des prix, suivant une échelle convenue, pour la matière grasse en supplément. Ce sont du reste là questions à débattre entre intéressés.

Variations de composition du lait
Traite en deux fois

par J. AUROUSSEAU et J.-L. PONSCARME

Nous avons donné, en tête de ce travail, la définition du mot « lait » (définition donnée par les divers congrès de laiterie), et il est bien entendu que c'est le produit normal et intégral de la traite de vaches saines et soumises à un régime approprié.

En France, nul n'est sensé ignorer la loi ; il se trouve cependant encore un très grand nombre de cultivateurs qui ignorent totalement que le lait de fin de traite est plus riche en beurre que celui du début.

La pratique courante encore en vigueur dans nombre de départements bretons et normands, consistant à traire 1 litre de lait, à la fois, pour des Parisiens en villégiature là-bas, pendant la belle saison, tombe sous le coup de la répression des fraudes.

Cependant, nous nous empressons d'ajouter que les condamnations prononcées jusqu'à cette heure, en France, l'ont été contre les gens dont la bonne foi, suivant l'enquête du juge d'instruction, ne semblait pas surprise ; témoin, entre autres, le jugement suivant rendu en session d'octobre dernier.

TRIBUNAL CORRECTIONNEL DE R.

15 octobre 1912

Le tribunal :

Attendu que l'analyse à laquelle a été soumis un échantillon de lait, mis en vente le 26 mars 1912 par les époux X..., a démontré que ce lait avait la consistance d'un lait écrémé dans la proportion de 50 pour 100 environ.

Attendu qu'il est résulté, tant des constatations faites que des renseignements et déclarations recueillis au cours de l'information, que la faible teneur en matière grasse du lait incriminé était le résultat, non pas d'un écrémage véritable, mais d'une supercherie employée par les époux X..., que ceux-ci reconnaissent en effet qu'ils ont l'habitude de diviser la traite de chaque vache en deux opérations, la première consistant à recueillir le lait provenant du début de la traite dans un récipient destiné à la vente, et la deuxième consistant à achever la traite dans un autre récipient dont le contenu est employé à la fabrication du beurre ; qu'il est en effet avéré que le premier lait sorti du pis de la vache est extrêmement faible en matière grasse et que la plus grande partie du beurre se trouve dans la fin de la traite ;

Attendu qu'étant données les différences tant entre le lait provenant du début et celui provenant de la fin de la traite, le lait marchand ne peut être que le produit intégral d'une traite complète ; que la mise en vente sous le nom de lait du liquide produit seulement par la première partie de la traite constitue une tromperie sur les qualités substantielles de la chose vendue.

Attendu que le fait que les époux X... procèdent toujours à cette double traite, en ayant soin, ainsi qu'ils l'ont reconnu, de vendre toujours le produit de la première et de conserver pour faire du beurre le produit de la seconde, sans pouvoir donner de cette pratique une justification plausible, dénote qu'ils se rendaient parfaitement compte qu'ils avaient intérêt à agir ainsi et exclut par suite la possibilité de leur bonne foi.

Attendu que le sieur X... doit être retenu en cause comme co-auteur à raison de la part qu'il a prise à la tromperie, en se servant sciemment exclusivement des secondes traites pour la fabrication du beurre.

Attendu que le ministère public ayant à tort qualifié le lait incriminé de falsification prévue et punie par l'art. 3 de la loi du 1er août 1905, il appartient au tribunal de rétablir la véritable qualification, qui est celle de tromperie sur les qualités substantielles de la chose vendue, prévue et punie par l'Art. 1 de la dite loi.

Pour ces motifs :

Condamne les deux prévenus, chacun à 300 francs d'amende.

Ordonne l'insertion du présent jugement dans quatre journaux de la localité et l'apposition de deux affiches qui devront rester pendant six jours à la porte du domicile des époux X... et une à la porte de la mairie de leur commune, etc...

Les variations de composition entre les laits de début et de fin de traite sont connues depuis longtemps, et nous empruntons au traité d'Analyses des denrées alimentaires Gérard et Bonn, page 189 (analyses dues à Rajoul) le tableau ci-dessous :

	Extrait p. 100	Beurre	Lactose	Caséine	Cendres
Premières portions de la traite .	10	1,19	5,13	3,16	0,51
Milieu de la traite.	11,65	2,13	5,33	3,62	0,56
Dernières portions de la traite. .	13,31	4,31	5,13	3,33	0,53
Traite moyenne	11,65	2,54	5,20	3,37	0,53

Nous donnons d'autre part les résultats obtenus chez un cultivateur de Seine-et-Oise.

	1re partie de la traite	2e partie de la traite
Extrait sec	111,7 p. 1000	126,3
Beurre.	15,7	32,8
Extrait dégraissé.	96	93,5
Lactose	50,8	53,5
Caséine	37,3	32,3
Cendres	7,9	7,7

Enfin, nous entreprîmes des essais sur une vache normande en pleine lactation, donnant 18 litres de lait par jour et soumise à un régime normal ; nous rejetâmes de prime abord la traite en trois fois, qui a un caractère purement scientifique, la traite en deux fois étant seule pratiquée très rarement, il est vrai, et dans un but que l'on ne s'explique pas ou que l'on s'explique trop.

	TRAITE DU MATIN		TRAITE DU SOIR	
	1re partie de la Traite	2e partie de la Traite	1re partie de la Traite	2e partie de la Traite
Quantité de lait.	5 l.	4 l. 800	4 l.	4 l. 150
Extrait.	108,8	138,8	110,4	139,3
Beurre.	14,5	48,2	15,7	49
Extrait dégraissé	94,3	90,6	94,7	90,3
Lactose	50,4	51,4	50,9	51,4
Caséine	36,3	32,1	36,2	32
Cendres	7,6	6,9	7,4	6,8

Il est un cas cependant qu'il est intéressant de signaler : certains cultivateurs de la région du Centre ont l'habitude d'enlever à la mère, dans les premiers temps de l'allaitement au pis, 5 à 6 litres de lait et de faire téter le veau ensuite ; ils opèrent ainsi dans un but hygiénique, afin, disent-ils, d'éviter que l'acheteur ne boive après le veau ; sans nul doute, ils croient bien faire, mais qu'arrivera-t-il lorsque les prélèvements se feront nombreux dans cette région ?

Pratiquement, en dehors des cas examinés (en Normandie et en Bretagne, pour la satisfaction d'une clientèle qui exige à toute heure, dans le centre pour l'allaitement naturel des jeunes) et même pour les chevriers de nos grandes villes et de nos plages, la traite en deux fois ne s'explique pas, car elle demande plus de temps et immobilise un plus grand nombre de récipients ; elle ne pourrait donc être faite que dans un but de lucre et il est assez juste que ceux qui pratiquent cette manière de faire en supportent toutes les conséquences.

Influence de l'écrémage spontané sur la composition du lait

par J. AUROUSSEAU et L.-J. PONSCARME.

Lorsque le lait est en cours de débit dans une terrine ou tout autre récipient à large surface, des quantités plus ou moins grandes de crème peuvent se séparer du reste de l'émulsion et monter à la partie supérieure ; il en résulte un appauvrissement considérable en beurre du lait de la partie inférieure.

Cette façon de voir n'est pas admise par tous les auteurs, et avant de donner les chiffres que nous avons obtenus, il est intéressant de signaler à ce sujet les travaux de MM. Girard, Magnier de la Source et Villiers (1).

Ces expérimentateurs, chargés de vérifier si cette séparation était vraie dans la pratique courante, opérèrent de la façon suivante :

1° Un pot de 20 litres, rempli aux deux tiers a été ouvert.

Le lait est bien mélangé et l'on prélève un échantillon de un litre pour l'analyse (n° 1, lait type correspondant à treize litres de lait mélangé).

Dans l'intervalle des prélèvements effectués, on enlève, toutes les demi-heures, un demi-litre de lait sans agiter le liquide. Deux heures et demie après le premier prélèvement, on prend pour l'analyse un nouvel échantillon, sans agiter le liquide, à l'aide d'une mesure à lait (n° 2, sur les dix litres restant).

Deux heures plus tard, on effectue un nouveau prélèvement (n° 3, sur les sept litres et demi restant).

---

(1) *Aliments lactés et aliments gras*, VILLIERS, COLLIN et FAYOLLE, page 22.

Enfin, une heure et demie après, on fait encore un prélèvement sans agiter le liquide (n° 4, sur les cinq litres et demi restant).

L'analyse donne les chiffres suivants :

	N° 1	N° 2	N° 3	N° 4
Densité à 15°	1,0304	1,0298	1,0304	1,0304
Eau	896,8	890,1	896,7	901,7
Extrait à 95°	133,6	139,7	133,7	128,7
Beurre	42,9	49,9	45,0	44,0
Extrait moins le beurre .	90,7	89,8	88,7	84,7
Sucre de lait	48,8	47,4	48,1	46,1
Cendres	6,0	6,0	6,0	5,9
Caséine	35,9	36,4	34,6	32,7

Ils concluent : on voit que le lait mis en expérience était de bonne qualité : le lait restant n'a subi aucun écrémage, et il est encore de bonne qualité.

MM. Gérard et Bonn :
Traité pratique d'analyse des denrées alimentaires, pages 192 et suivantes :

Les auteurs admettent l'écrémage spontané, mais la critique que l'on peut faire à leur façon d'opérer, c'est qu'ils ne se placent pas dans les conditions ordinaires de la vente du lait, à la campagne principalement. Leurs essais portèrent sur un lait homogène dont la teneur en beurre était connue : ce lait fut versé dans cinq éprouvettes à pied de 1 litre et abandonné au repos pendant 2, 3, 4, 5 et 6 heures.

Au bout de ce temps, on préleva des échantillons (partie supérieure : crème), couche au-dessous de la crème, partie médiane et fond de l'éprouvette ; la température au moment de l'expérience était de 17°, les résultats obtenus sont consignés dans le tableau ci-dessous :

	Beurre	Densité	Extrait sec	Écrémage	Enrichissement
Lait mis en expérience . . .	2,8 %	1032,6	11,74		
Après 2 heures de repos.					
Crème	4,00	. . . .	. . . .	. . . .	42,85
Dessus	2,90	1032,2	11,8	. . . .	3,57
Milieu	2,70	1032,5	11,65	3,58	
Fond.	2,70	1032,2	11,81	3,58	
Après 3 heures de repos.					
Crème	7,00				
Dessus	2,70	1032,8	11,71	3,58	150,00
Milieu	2,70	1832,7	11,69	3,58	»
Fond.	2,50	1033,0	11,52	14,29	»
Après 4 heures de repos.					
Crème	11,00				292,85
Dessus	2,70	1032,8	11,71	10,72	
Milieu	2,70	1032,7	11,70	14,29	
Fond.	2,40	1032,8	11,35	17,86	
Après 5 heures de repos.					
Crème	12,00				
Dessus	2,50	1033,1	11,55	10,72	
Milieu	2,40	1033,2	11,45	14,29	
Fond.	2,30	1033,4	11,38	17,86	
Après 6 heures de repos.					
Crème	14,00				400,00
Dessus	2,40	1033,1	11,44	14,29	
Milieu	2,30	1033,2	11,32	17,86	
Fond.	1,80	1034,2	10,96	35,72	

L'appauvrissement du lait du fond est manifesté, il est cependant surtout sensible vers la sixième heure : la différence constatée dans la richesse en beurre étant seulement de 4 grammes entre le lait originel et le lait après dépôt de quatre heures.

Ces différences expliquent assez difficilement le cas invoqué à diverses reprises par des commerçants ou des cultivateurs, à savoir qu'il a pu y avoir appauvrissement de leur lait en beurre parce qu'ils ont servi des clients sans avoir pris la précaution d'agiter le liquide à chaque reprise.

Il est évident néanmoins que les chiffres donnés par MM. Gérard et Bonn sont significatifs : mais ils ne sont pas du même ordre que ceux admis d'une façon générale par les chefs de dépôts des diverses aiteries qui affirment qu'après 2 heures, à la température de l'été, le lait du fond de la terrine s'est appauvri de un tiers en beurre.

C'est pour examiner ce que ces assertions avaient de fondé que nous avons entrepris les essais suivants.

Le lait d'expérience n'était pas quelconque, il n'avait subi aucun transport ; prélevé au moment de la traite dans la vacherie de l'École Nationale d'Agriculture de Grignon, il fut transporté immédiatement au laboratoire et versé dans une terrine émaillée de cinq litres : les températures furent notées.

Un échantillon de un litre (n° 1) fut prélevé après une heure et demie en versant le lait directement dans un pot de 1.000 centimètres cubes.

Un deuxième échantillon également de un litre (n° 2) fut prélevé une heure plus tard.

Un troisième échantillon de deux litres (n° 3) fut prélevé, dans les mêmes conditions, trois heures et demie après le début de l'expérience.

Ces laits versés, n° 1, 2 et 3, furent analysés ; on analysa également le lait restant dans la terrine ; les résultats obtenus furent les suivants :

Tableau 1

	Lait originel	N° 1	N° 2	N° 3	Lait restant dans la terrine
Volume.	5 litres	1	1	2	1
Extrait	129,8	132,8	129,9	132,2	121,5
Beurre	39,0	45,0	38,0	43,5	25,0
Extrait dégraissé. .	90,8	87,8	91,9	88,7	96,5
Lactose.	49,1	47,2	50,1	47,8	52,3
Caséine.	34,2	32,8	34,75	33,9	36,9
Cendres	7,2	7,0	7,1	7,05	7,3

Le lait initial était à la température de 30° ; la température de l'air était de 7° ;

Le lait n° 1 était à 17° ;
id.   n° 2 était à 14° ;
id.   n° 3 était à 12".

En faisant varier la température, on obtient les chiffres ci-dessous :

TABLEAU 2

	Lait originel	N° 1	N° 2	N° 3	Lait restant dans la terrine
Volume. . . .	5 litres	1 litre	1 ¼	1 ¼	1 ½
Extrait	148,4	173,2	150,5	147	133,8
Beurre	58,0	88,0	62,0	56	36,5
Extrait dégraissé. .	90,4	85,2	8S,2	91	97,3
Lactose.	49,6	46,5	48,4	49,7	52,4
Caséine.	33,7	32,1	33,2	34,1	36,4
Cendres	7,00	6,6	6,9	7,2	7,4

Température de la pièce 18° ;
Lait originel   30° ;
—   n° 1   23° ;
—   n° 2   20° ;
—   n° 3   18°.

Il résulte de ces diverses analyses (tableaux 1 et 2) que le lait d'origine est normal.

Que pour les laits n° 1 et 3, 1er tableau,
id.   n° 1 et 2, 2° tableau,

il y a mouillage.

Ce mouillage est pour le lait n° 1 du 2e tableau.

$$\frac{100 \times 85,2}{90} = 94,7$$

$$100 - 94,7 = 5,3$$

6 pour 100 sensiblement.

Il est un peu moindre dans les 3 autres cas, mais ce qui nous intéresse le plus, c'est l'abaissement considérable de la matière grasse après 3 heures et demie de dépôt ; cet abaissement est, dans un cas, de 14 grammes par litre, il est de 22 grammes dans l'autre.

Ces résultats expliquent que, dans certains cas, des fermiers ont pu être condamnés sans avoir fraudé, mais bien parce qu'ils n'avaient pas pris la précaution de mélanger leur lait avant d'en prélever pour leurs clients.

Nous avons dit intentionnellement fermiers; nous pourrions ajouter et cultivateurs vendant leur lait à domicile et qui se trouvent placés dans les conditions où nous avons opéré.

Il ne saurait en être de même du commerçant qui vend un lait ayant voyagé, ce lait a subi du fait du transport des modifications particulières retardant l'ascension de la crème.

Ces modifications expliquent les résultats obtenus par MM. Ch. Girard et Magnier de la Source : pour nous convaincre de cette observation, nous avons repris le lait qui nous avait servi aux premiers essais, et qui par suite des diverses manipulations se trouvait dans le cas d'un lait transporté ; ce lait fut réchauffé à 30° et abandonné dans les mêmes conditions que précédemment. Les prélèvements furent faits dans les mêmes conditions que ceux de notre première expérience (tableau 1); les résultats sont consignés ci-dessous :

	Lait primitif	N° 1	N° 2	N° 3	Lait restant
Volume.	5 litres	1	1	2	1
Extrait	129,8	135,0	130,1	128,5	127,3
Beurre	39	47,0	40	36,5	35,0
Extrait dégraissé. .	90,8	88,0	90,1	92,0	92,3
Lactose.	49,1	48,0	49,0	49,5	49,8
Caséine.	34,2	32,95	33,8	34,65	34,7
Cendres	7,2	7,0	7,2	7,25	7,3

Il est établi par le tableau ci-dessus que le lait, pour quelles raisons, nous ne saurions l'affirmer, n'a subi pour ainsi dire aucune modification du fait d'un repos prolongé de trois heures et demie.

Les résultats ne font en somme que confirmer les expériences de MM. Girard, Magnier de la Source et Villiers, et nous persuadent que ces auteurs avaient opéré sur un lait ayant subi des altérations, par suite d'une agitation due au transport et aux manipulations successives auxquelles sont soumis les laits destinés à l'approvisionnement des grands centres.

Influence du bromure de potassium sur la
composition du lait

par J. AUROUSSEAU et L.-J. PONSCARME

Dans le but de nous rendre compte de l'influence du bromure de potassium sur la composition du lait, nous avons choisi deux vaches de race normande et les avons soumises au même régime alimentaire. Leurs rations étaient les suivantes :

Pour le matin :
6 heures et quart
- 25 kilogrammes betteraves et menue paille non fermentées.
- 1 kg. 500 de son.
- Paille à discrétion.

Pour le soir :
4 heures et quart
- 15 kilogrammes de betteraves et menue paille non fermentées.
- 1 kg. 500 de son.
- 5 kilogrammes de foin de luzerne.
- Paille à discrétion.

Les traites étaient effectuées à heure fixe : 6 heures du matin et 4 heures du soir.

Le bromure de potassium fut administré à des doses et à des heures qu'indiquent les tableaux 1 et II.

Sujet A — Tableau I.

		Traite du matin		Traite du soir		Total des deux traites
		Kilogrammes de lait	Grammes de beurre par litre	Kilogrammes de lait	Grammes de beurre par litre	
8 Novembre	Sans KBr	5,100	39	4,700	48	9,800
9 ---	Sans KBr	5,700	37	3,900	46	9,600
10 –	Sans KBr	5,400	40	4,200	48	9,600
11 --	20 gr. KBr à 4 h. du soir	5,200	40	3,800	51	9,00
12 —	20 gr. KBr à 4 h. du soir	5,800	41	3,700	50	9,600
13 —	20 gr. KBr à 4 h. du soir	5,400	36	4,400	46	9,800
14	25 gr. KBr à 4 h. du soir	5,200	39	3,600	52	8,800
15 --	25 gr. KBr à 4 h. du soir	5,300	48	3,800	61	9,100
16 ---	30 gr. KBr à 7 h. du matin . . .	4,800	36	3	55	7,800
17 ---	Sans KBr	4,500	37	5,800	47	10,300
18 ---	Sans KBr	5,300	39	4	48	9,300

Sujet B — Tableau II.

		Traite du matin		Traite du soir		Total des deux traites
		Kilogrammes de lait	Grammes de beurre par litre	Kilogrammes de lait	Grammes de beurre par litre	
8 Novembre	Sans KBr	5,250	40	4,450	50	9,700
9 --	Sans KBr	5,600	40	4	51	9,600
10 ----	Sans KBr	5,300	36	4,400	55	9,700
11 --	20 gr. KBr à 4 h. du soir	5,600	46	3,800	43	9,400
12 .. --	20 gr. KBr à 4 h. du soir	5,700	38	3,600	53	9,200
13 —	20 gr. KBr à 4 h. du soir	5,400	36	4,200	57	9,600
14 —	25 gr. KBr à 4 h. du soir	5,400	36	4	52	9,400
15	25 gr. KBr à 4 h. du soir	5,300	41	3,900	52	9,200
16 —	30 gr. KBr à 7 h. du matin . . .	4,900	47	3,300	52	8,200
17 ---	Sans KBr	5,100	40	4,200	55	9,300
18 —	Sans KBr	5,500	37	4,100	60	9,600

Des tableaux I et II, on peut conclure que des doses de 20, 25 et 30 grammes de bromure de potassium sont sans action sensible, ni sur la quantité de lait produit, ni sur la richesse en beurre.

Par contre, les chiffres du 16 novembre en ce qui concerne la quantité de lait produite, 7 kg. 800 pour le sujet A et 8 kg. 200 pour le sujet B sont à retenir. Rappelons en effet que, dans un intervalle de quinze heures, les deux vaches reçurent 55 grammes de bromure de potassium. Néanmoins, la matière grasse semble n'avoir pas été influencée.

En tous cas, ce qui est certain, c'est qu'aucun des laits prélevés du 8 au 18 novembre, ne présentait une composition anormale.

En outre, tous les laits contenaient du bromure de potassium, sauf, bien entendu, ceux des 8, 9, 10 et 11 novembre. Le bromure de potassium était réparti assez irrégulièrement ; tantôt on en trouvait, dans la traite du matin, de plus grandes quantités que dans la traite du soir ; tantôt c'était l'inverse.

Ce qui est à retenir, c'est que, pour les deux sujets, on constata, par litre de lait, la présence de 24 milligrammes de bromure de potassium pour A et de 19 milligrammes pour B, dans les traites du 12 au matin, c'est-à-dire 14 heures après l'ingestion de la première dose de bromure de potassium.

La quantité maxima trouvée, soit 55 milligrammes par litre, le fut chez le sujet A dans la traite du 16 au matin.

Ajoutons enfin que le lait du soir 17 novembre ne contenait plus de bromure de potassium pour B, alors qu'on en trouvait encore 9 milligrammes par litre le 18 au soir chez le sujet A.

En résumé, si ces expériences nous ont permis de constater que le bromure passe rapidement dans le lait et qu'il peut s'y retrouver plus de deux jours après l'ingestion de la dernière dose, il n'en est pas moins vrai que nous n'avons pu nous baser sur les seuls chiffres du 16 décembre pour conclure à une action des bromures sur la quantité de lait produit.

Aussi avons-nous entrepris, dans le but d'éclaircir cette question, de nouvelles expériences, dont les tableaux III et IV indiquent suffisamment le processus et les résultats obtenus.

Sujet A TABLEAU III.

		TRAITE DU MATIN		TRAITE DU SOIR		Total des deux traites
		Kilogrammes de lait	Grammes de beurre par litre	Kilogrammes de lait	Grammes de beurre par litre	
17 novembre	Sans KBr	4,500	37	5,800	47	10,300
18 —	Sans KBr	5,300	39	4	48	9,300
19 —	60 gr. de KBr à midi.	5,300	38	4,200	48	9,500
20 —	Sans KBr	4,600	28	3,800	50	8,400
21 —	Sans KBr	4,400	30	2,800	59	7,200
22 —	Sans KBr	5,500	38	3,900	55	9,400
23 —	Sans KBr	5,200	41	4,200	49	9,400
24 —	Sans KBr	4,800	39	4,400	47	9,200
25 —	Sans KBr	5,200	40	4,100	49	9,300

Sujet B TABLEAU IV.

		TRAITE DU MATIN		TRAITE DU SOIR		Total des deux traites
		Kilogrammes de lait	Grammes de beurre par litre	Kilogrammes de lait	Grammes de beurre par litre	
17 novembre	Sans KBr	5,100	40	4,200	55	9,300
18 —	Sans KBr	5,500	37	4,100	60	9,600
19 —	Sans KBr	5,200	37	4,300	56	9,500
20 —	Sans KBr	4,900	40	4,400	54	9,300
21 —	60 gr. KBr à 7 heures du matin . .	5,100	40	3,300	68	8,400
22 —	Sans KBr	4,650	30	4,00	60	8,650
23 —	Sans KBr	5,300	41	4,400	54	9,700
24 —	60 gr. KBr à 4 heures du soir. . .	5	40	4,400	56	9,400
25 —	Sans KBr	4,800	27	3,700	74	8,500
26 —	Sans KBr	4,900	35	4,300	60	9,200
27 —	Sans KBr	5,500	39	4	57	9,500

Analysons ces tableaux.

Le sujet A avait pris 60 grammes de bromure de potassium le 19 à midi ; dès le lendemain matin, la quantité de lait baisse sensiblement ; le total pour le 20 et le 21 est de 15 kg. 600, soit une moyenne journalière de 7 kg. 800, inférieure de 1 kg. 500 à la normale. Il y a donc eu perte de 16 pour 100 environ.

Observation analogue pour le sujet B. Même en faisant entrer dans la moyenne le poids de la traite du 21 au matin, poids qui n'a pas, il va sans dire, été influencé par les 60 grammes de bromure de potassium ingérés immédiatement après la traite, on constate quand même une baisse de 10 pour 100.

Même constatation encore pour le 25 ; la vache B avait reçu 60 grammes le 24, après la traite du soir ; le lendemain, la traite du matin accusait un déficit de 1 kilogramme.

La diminution de la matière grasse sous l'influence du bromure de potassium est encore plus évidente.

Pour le sujet A, la traite du matin n'a jamais donné, en matière grasse, un chiffre inférieur à 36. Le 20 à midi, la vache ingère 60 grammes de bromure de potasssium, le lendemain matin, la matière grasse tombe à 28 grammes par litre ; le soir, elle remonte pour descendre à nouveau le lendemain matin à 30 grammes et remonter encore à la traite du soir. On s'explique mal que le bromure de potassium, qui n'a pas agi sur la matière grasse le 20 au soir, ait pu faire baisser cette dernière à 30 grammes le 21 à la traite du matin.

En tous cas, il est évident que les 20, 21 et 22, il y a eu chez le sujet A des perturbations notables ; le 23, tout redevient normal.

Pour le sujet B, 60 grammes de bromure de potassium, ingérés à 7 heures du matin, font augmenter la richesse en matière grasse de la traite du soir ; mais le lendemain matin, le beurre tombe à 30 grammes par litre.

Enfin, le 24, la bête absorbait 60 grammes de bromure de potassium à 4 heures du soir ; le 25 au matin, la matière grasse n'est plus que de 27. Enfin, le soir, le beurre accusait une hausse formidable, puisqu'il était de 74 grammes par litre. Le 26 et le 27, nous retrouvons des chiffres normaux.

. A s'en tenir au simple examen des tableaux précédents, on peut conclure que l'action du bromure sur la lactation est évidente.

1° Il diminue la quantité de lait produit ;

2° Il diminue la teneur en matière grasse ;

3° Il exerce son action rapidement, puisque, donné le soir, il a une influence évidente sur la traite du lendemain matin ;

4° Son action n'est pas persistante ; dans deux cas, le bromure de potassium n'eut d'influence que sur une traite ; dans le troisième cas, son action ne dura pas au-delà de 36 heures ;

5° Enfin la hausse rapide et considérable de la matière grasse après une baisse subite semble indiquer que le bromure de potassium a une action rétensive.

Le professeur Marchi, de l'Institut de Pérouse (Italie), attribue l'abaissement du rendement en lait et l'appauvrissement en matière grasse sous l'action du bromure de potassium, à une diminution de la pression sanguine.

Il n'en est pas moins vrai que, dans nos expériences, la rétention de la matière grasse, que nous avons constatée sous l'influence du bromure, peut se produire naturellement.

En effet, M. Dumont, étant directeur de la Vacherie de Pailbac, a constaté qu'au moment où l'on vendait les jeunes veaux, dans le cas d'allaitement au pis, il y avait un certain nombre de jours où le lait était très pauvre en matière grasse. Une vache dont le lait accusait 26 grammes de matière grasse par litre avant la vente du veau donnait, le lendemain de la séparation, 6 grammes de beurre par litre, puis 24 grammes, et 130 grammes, trois jours et six jours après la vente du veau.

Quoi qu'il en soit, nous avons cherché si le bromure de potassium pouvait avoir une influence sur les éléments du lait autres que la matière grasse.

A cet effet, nous avons analysé tous les laits échantillonnés et nous donnons dans les tableaux qui suivent la composition de ceux qui nous ont paru les plus typiques.

COMPOSITION DU LAIT AVANT L'INGESTION DU BROMURE

Moyennes des 8, 9, 10 et 11 Novembre.

	A		B	
	Matin	Soir	Matin	Soir
Extrait	132,5	139,4	135,5	141,7
Beurre	39	48,2	40,5	49,7
Extrait dégraissé	93,5	91,2	95	92,1
Lactose	44,2	43,6	47,1	46,1
Caséine	40,8	39,9	40,4	39
Cendres	7,8	7,4	7,1	6,8

COMPOSITION DU LAIT APRÈS L'INGESTION DU BROMURE

	A		B					
	20 Nov.	21 Nov.	21 Nov.	22 Novembre		25 Novembre		25 Novembre	
	Matin	Matin	Soir	Matin	Soir	Matin	Soir	Matin	Soir
Extrait . . .	126,3	135	159	125,5	149,5	136,5	151,8	126	164,1
Beurre . . .	28	30	68	30	60	41	54	27	74
Extrait dégraissé .	98,3	105	91	95,5	89,5	95,5	93,8	99	90,1
Lactose. . .	45,6	47,2	46,25	46,25	46,8	45	45,1	48,8	47,6
Caséine. . .	44,2	49,8	37	40,9	34,8	41,9	40,1	41,8	35
Cendres . .	8,1	7,9	7,8	7,7	7,9	8,3	8,1	8,1	7,4

L'examen des chiffres contenus dans les tableaux 5 et 6 est assez curieux.

Le Lactose est de tous les éléments celui qui paraît le moins influencé par le bromure de potassium. Quant à la caséine, elle subit des variations considérables.

Dans le lait du 21 novembre au matin, pour A nous trouvons une proportion de 49 gr. 8, alors que la moyenne en temps normal est de 40,8, soit une différence de 9 grammes par litre.

Pour B, les variations dans les deux cas sont inverses, il y a diminution ; nous trouvons pour le 21 novembre au soir 37, et pour le 25 novembre 35.

Le bromure de potassium semble donc agir sur la caséine ; dans quel sens, nous ne saurions le préciser.

Quant à l'extrait dégraissé, il est nettement influencé ; des chiffres de 98,3, 99 et 105 sont anormaux, et l'expert, en présence de semblables échantillons, doit conclure à l'écrémage ou alors réserver son pronostic.

Il ressort donc de cet examen que l'on peut du soir au matin, grâce au bromure de potassium, modifier la composition du lait. Il était intéressant de le connaître en cas d'expertise contradictoire.

En effet, il arrive que le juge d'instruction laisse au prévenu la faculté de nourrir ses vaches comme il l'entend, et même de désigner le jour où l'échantillon de comparaison devra être prélevé.

Il peut advenir, dans ces conditions, que l'intéressé, au courant de l'action du bromure, l'utilise pour provoquer des perturbations dans la composition du lait, ne permettant pas, ainsi, à l'expert de faire des comparaisons de quelque valeur.

Aussi, avons-nous cru indispensable de joindre au rôle physiologique du bromure la recherche facile de ce produit.

Pour déceler le bromure dans le lait, nous avons appliqué la méthode que préconise M. Denigès dans la recherche de traces de brome.

Le mélange d'une solution aqueuse de brome et de bisulfite de rosaniline également en solution dans l'eau détermine une coloration pourpre ou violette, puis un précipité violet; si la quantité de brome est suffisante, toute la rosaniline est insolubilisée à l'état de dérivé bromé.

Le produit obtenu est insoluble dans l'eau, le benzène, l'oxyde d'éthyle, l'éther de pétrole et le sulfure de carbone ; un peu soluble dans la fuchsine bisulfitée ; très soluble dans les alcools méthylique, éthylique et amylique, dans l'acétone, l'acide acétique, le chloroforme et le tétrachlorure de carbone.

On prépare d'abord de la fuchsine bisulfitée en ajoutant à un litre d'une solution aqueuse au millième de fuchsine, 10 centimètres cubes de bisulfite de sodium à 30-33B, puis, après cinq minutes environ de contact, 20 centimètres cubes d'acide chlorhydrique pur.

On peut utiliser cette solution une ou deux heures après sa préparation.

On imbibe du papier à filtrer de fuchsine bisulfitée. On l'essore et on le laisse sécher à l'air libre ; quand il est à peu près sec, on le découpe en bandelettes que l'on met dans un flacon bien bouché.

Pour se servir de ce papier, on l'humecte d'eau additionnée de 1 à 2 pour 100, en volume, d'acide chlorhydrique pur, puis on le plonge un temps suffisant dans l'atmosphère où on recherche le brome ; le papier prend une coloration rouge violet. En le mettant ensuite dans un tube à essai avec 1 ou 2 gouttes d'acide chlorhydrique, il se décolore ; l'addition d'eau fait reparaître la coloration qui passe en grande partie dans le liquide aqueux, lequel la cède au chloroforme par vive agitation.

Ce papier, qui prend parfois une teinte lilas très faible quand il a été trop desséché avant sa mise en flacon, ne se colore en violet, ni sous l'influence de l'iode, ni sous celle du chlore.

Cependant, ce dernier donne avec le bisulfite de rosaniline *dissous,* un dérivé chloré rouge, soluble dans le chloroforme, mais dont les caractères chromoscopiques et spectroscopiques sont tout différents de ceux du dérivé bromé, dont il n'empêche pas la formation, même lorsqu'il est mélangé au brome en quantité prédominante.

Pour rechercher le brome dans le bromure de potassium, il suffit, suivant M. Denigès, de mettre dans un tube à essai 2 centimètres cubes d'une solution de bromure de potassium correspondant à 0 mgr. 013 de brome ; d'ajouter 0 cm³,5 d'une solution aqueuse à 10 pour 100 de chromate de potassium, 0 cm³,5 d'acide sulfurique, d'agiter et d'introduire un peu de marbre pour développer un courant gazeux.

Si, ensuite, on suspend à 2 ou 3 centimètres de la surface du liquide une bandelette réactive, humectée d'eau acidulée, on observe après quelque temps une coloration violette très nette de la partie inférieure du papier.

Ceci dit, la recherche des bromures dans le lait peut se faire de la façon suivante :

A 25 centimètres cubes de lait on ajoute une goutte de lessive de potasse ; on évapore dans une capsule à incinération ; puis on fait les cendres ; pour plus de sûreté, on incinérera modérément ; il est inutile, en effet, d'avoir des cendres blanches.

Une fois les cendres obtenues, on les traite par 6 centimètres cubes environ d'eau bouillante ; on triture soigneusement ; on entraîne le tout dans un tube à essai portant un trait de jauge à 10 centimètres cubes et on lave la coupelle avec 4 centimètres cubes d'eau chaude. On laisse refroidir et on complète ensuite au volume de 10 centimètres cubes ; on filtre, et c'est le filtrat obtenu qui servira aux essais de recherche du bromure de potassium.

A cet effet, on prend 2 centimètres cubes de liqueur filtrée auxquels on ajoute, dans un tube à essai, 0 cm³,5 de chromate de potassium, 0 cmc³,5 d'acide sulfurique et un fragment de calcaire ; la bandelette de fuchsine bisulfitée doit prendre une teinte violette, même pour une quantité de bromure de potassium correspondant à 0 mgr. 013 de brome.

En opérant par la méthode des liqueurs diluées, on peut arriver à déterminer approximativement de petites quantités de bromure de potassium. C'est ainsi que nous avons pu trouver dans le lait du sujet A, à la traite du 18 au soir, une quantité de bromure correspondant à peu près à 9 milligrammes seulement de bromure de potassium par litre.

Il va sans dire que la présence du conservateur bichromate de potassium dans ce lait ne gêne en rien la recherche du brome par la méthode ci-dessus indiquée.

On pourra donc toujours rechercher cet élément sur les laits prélevés aux fins d'analyse.

LA CHAPELLE-MONTLIGEON (ORNE). — IMP. DE MONTLIGEON. — 5225-5-13.

www.ingramcontent.com/pod-product-compliance
Lightning Source LLC
LaVergne TN
LVHW020449060726
842525LV00005B/1613